AF582171

RAPPORT

SUR LES

CHAMPS DE DÉMONSTRATION

AVOINE DE PRINTEMPS 1886

PAR

M. A. HOUZEAU

Directeur de la Station agronomique de la Seine-Inférieure

ROUEN

IMPRIMERIE DE ESPÉRANCE CAGNIARD

Rues Jeanne-Darc, 88, et des Basnage, 5

RAPPORT

SUR LES

CHAMPS DE DÉMONSTRATION

AVOINE DE PRINTEMPS 1886

Monsieur le Préfet,

J'ai l'honneur de vous faire connaître le résumé des résultats pratiques obtenus par la culture de l'avoine de printemps dans les Champs de démonstration de la Seine-Inférieure.

Conformément à la circulaire ministérielle, les travaux relatifs à ces Champs de démonstration incombaient aux professeurs de l'Ecole départementale d'Agriculture, qui, malgré l'époque un peu avancée de la saison, n'ont pas hésité à faire toute diligence pour répondre utilement à votre appel.

Il ne faut pas confondre les champs d'expériences déjà mis en œuvre, il y a plusieurs années, par notre Société centrale d'Agriculture, avec les Champs de démonstration.

Les premiers ont généralement pour but de vérifier ou de constater les bons effets de tel ou tel agent chimique ou de telle ou telle méthode culturale; les champs de démonstration, comme l'indique d'ailleurs leur nom, sont destinés à démontrer aux praticiens qu'en appliquant à la culture les données de la science, on peut augmenter avec avantages le rendement de la terre.

Les champs d'expériences peuvent comporter de petites surfaces, des parcelles de quelques mètres carrés ; les champs de démonstration, au contraire, exigent, si l'on veut conserver leur valeur, la culture de grandes surfaces.

Mais si le concours du savant suffit pour mener à bien un champ d'expériences, il est nécessaire de lui adjoindre pour les champs de démonstration le concours d'un praticien éclairé.

C'est ce que vous avez compris, Monsieur le Préfet, en donnant la majorité à l'élément pratique dans la commission agricole dite des champs de démonstration chargée d'élaborer, avec MM. les Professeurs départementaux, le programme des travaux à exécuter. En citer les membres, c'est montrer au public la confiance qu'il peut avoir dans l'œuvre accomplie.

MEMBRES DE LA COMMISSION :

MM. le Préfet ;

Béverini-Vico, secrétaire-général ;

Lesouëf, député ;

Houzeau, directeur de la station agronomique, président de la Société centrale d'agriculture ;

Fortier, président du Comice agricole de l'arrondissement de Rouen ;

MM. Burel, vice-président de la Société d'encouragement à l'agriculture de l'arrondissement du Havre ;

Saint-Requier, membre de la Chambre consultative d'agriculture de l'arrondissement d'Yvetot ;

Rasset, président du Comice agricole de l'arrondissement de Neufchâtel ;

Lacointe, président de la Société d'agriculture de l'arrondissement de Dieppe ;

Dr Blanche, professeur départemental d'agriculture ;

Philippe, professeur départemental d'agriculture ;

Gautier, professeur départemental d'agriculture ;

Bornot, membre de la Société nationale d'encouragement à l'agriculture, propriétaire à Valmont ;

Breton, vice-président de la Société d'agriculture de l'arrondissement de Dieppe ;

Grille, agriculteur, membre de la Société centrale d'agriculture ;

Mulot, propriétaire à Puys ;

Bordeaux, chef de division, secrétaire.

La Commission a été unanime pour repousser la

proposition, émise dans un but d'économie, d'opérer sur un ou deux ares, ce mode d'expérimentation étant trop sujet à erreurs. C'est qu'en effet, ceux qui ne craignent pas d'évaluer le rendement d'un hectare, d'après les données expérimentales fournies par un champ de quelques mètres carrés, ressemblent fort au voyageur qui voulant faire à pied le trajet de Rouen à Paris, calculerait le temps nécessaire à l'excursion, d'après celui qu'il mettrait à parcourir, également à pied, la distance qui sépare le Panthéon des Invalides.

La Commission a donc décidé que la démonstration aurait lieu au moins sur deux hectares, et que, pour équilibrer les diverses chances dues à la composition du sol, à la nature de l'assolement, ainsi qu'à l'état météorologique de la région, on l'effectuerait à la fois dans les cinq arrondissements du département; soit en somme une démonstration s'étendant à *dix hectares*.

Par conséquent, dans chaque arrondissement, il a été choisi, en pleine culture, deux hectares de terre aussi homogène que possible. L'un des champs conservé comme témoin était cultivé selon la manière du pays, c'est-à-dire sans addition d'engrais auxiliaire; l'autre, le Champ de démonstration, recevait une dose d'engrais chimiques déterminée par le professeur départemental, et suivant la composition du sol établie par l'analyse chimique opérée à la Station agronomique.

La démonstration n'a pas consisté, comme certains cultivateurs auraient pu le supposer, à voir l'influence que pouvait exercer la nature du sol dans le rendement d'une récolte obtenue sur un même assolement (avoine sur blé, par exemple). On s'est proposé un but encore plus pratique. Des cultivateurs de bonne volonté se sont offerts spontanément pour concourir à l'œuvre des Champs de démonstration. Leur proposition a été agréée. Chez l'un, l'avoine a été faite sur blé, chez un autre, elle a été faite sur betterave, chez un troisième, sur colza, etc.

La démonstration a donc eu pour but de reconnaître si, sur ces divers assolements, un complément de fumure à base d'ingrédients chimiques amenait des résultats avantageux pour le fermier.

Le mode d'emploi des engrais chimiques est d'ailleurs des plus simples.

Un jour ou deux avant les semailles, c'est-à-dire quand la terre, convenablement préparée par les labours, n'est ni trop sèche, ni trop humide, on les épand soit au semoir, soit à la volée. On herse et on passe le rouleau; c'est fini, le temps fait le reste.

Une autre manière fort avantageuse d'utiliser les engrais chimiques dans la culture du printemps consiste à ne répandre l'engrais que quatre à cinq semaines après l'ensemencement, c'est-à-dire au moment où l'avoine, déjà très levée, porte deux feuilles. On herse et on roule après l'épandage. Les mousses et autres mauvaises herbes à racines courtes, sont ainsi arrachées alors que l'avoine résiste. Par cette sorte de binage, on réserve à la plante une plus grande provision d'engrais, que rend disponible la destruction même des herbes.

Il est plus économique et plus sûr de préparer le mélange-engrais dans la ferme. On achète les matières premières, superphosphates, nitrates, sulfate d'ammoniaque, sels de potasse, *en exigeant sur la facture* le titre, c'est-à-dire la dose du principe fertilisant (azote, acide phosphorique, total et soluble, potasse), titre qu'il est facile de faire vérifier à la station agronomique, en lui envoyant, par la poste ou autrement, un échantillon d'environ 30 grammes. Dans les quarante-huit heures, le résultat du contrôle est expédié.

Afin d'assurer une bonne répartition des agents chimiques sur le sol, on les additionne, avant de les épandre, d'environ le quart ou le cinquième de leur poids de plâtre cuit ou, à son défaut, de marne ou de terre sèche et fine. L'emploi de l'une ou l'autre de ces poudres est assez indifférent quand l'épandage se fait à la main et que l'engrais ne renferme pas de sulfate d'ammoniaque. Le point principal, c'est que le mélange soit bien intime. Le crible facilite cette homogénéité. Mais si l'engrais doit être distribué au semoir, il est préférable d'employer le plâtre cuit. Le mélange glisse mieux à travers les orifices de l'instrument.

Au détail, le plâtre cuit coûte, sac compris, 3 fr. les 100 kilog. En gros, c'est-à-dire par livraison de 5,000 kilog, on le vend, pris à Triel, 11 fr. la tonne de 1,000 kilog., mais les sacs et le transport sont à la charge de l'acquéreur.

A la moisson, toute la récolte du champ de démonstration et du champ témoin a été passée à la machine à battre, et ses produits, paille et grain, pesés exactement.

Le champ de Foucart, si habilement cultivé par M. Bailhache, a été même l'objet d'un double contrôle, celui de la station que je dirige et le contrôle de l'un des membres estimés de la Société centrale d'agriculture, M. Grille, qui, sur ma demande, a bien voulu, avec la conscience qu'on lui connaît pour la recherche de la vérité, me prêter le concours le plus précieux et le plus fatigant. Il a tout vérifié, la précision de la bascule, la valeur des tares, etc. ; je suis heureux de lui en exprimer ici mes remerciements.

Entre l'époque des semailles et celle de la récolte, dans le courant de juillet, j'ai visité tous les champs de démonstration, guidé, pour chacun de ces champs, par mon collègue de l'Ecole départementale qui en avait la surveillance ; j'avais, en outre, l'honneur d'être accompagné par quelques membres zélés de notre Société centrale d'agriculture.

Mon rapport du mois d'août vous a fait connaître, Monsieur le Préfet, l'état des champs à cette époque.

Je vais maintenant vous exposer les résultats de la récolte.

Mais, auparavant, permettez-moi de bien poser la question qu'ont voulu résoudre MM. les Professeurs départementaux.

Il ne s'agissait pas de démontrer que les engrais chimiques (sels ammoniacaux, nitrates, phosphates) associés ou non au fumier, aux tourteaux, au sang desséché, etc., peuvent augmenter les récoltes. Depuis plus de vingt ans, c'est un fait banal.

Il fallait prouver que leur emploi pouvait être rémunérateur pour la culture. Que si, par exemple, on faisait, par hectare, une avance de 80 ou 100 fr. en engrais chimiques et en main-d'œuvre supplémentaire, il était possible de recueillir un excédent de récolte dépassant 80 ou 100 fr., c'est-à-dire la valeur approximative de l'engrais. Tels étaient les termes simples de la démonstration.

La question des rendements extraordinaires qu'agite de temps en temps la presse agricole, viendra à son heure.

Aujourd'hui, nous nous sommes modestement limités au problème réduit à son expression la plus pratique. Pas de théories, pas d'hypothèses : des faits. Or, ces faits sont exposés dans le tableau colorié ci-dessous.

Nous n'avons pas consigné dans ce tableau les dépenses de labour, de main-d'œuvre, de loyer et autres menus frais d'exploitation, parce qu'ils sont les mêmes dans le Champ de démonstration et dans le Champ témoin. Nous n'avons pu également y énumérer en détail, pour chaque cas particulier, les frais de mélange, de transport et d'épandage de l'engrais, pas plus d'ailleurs que les proportions séparées de balles et de paille. Tous ces détails, qui ont leur importance, sont indiqués à la fin du rapport, dans les tableaux spéciaux afférents à chaque Champ de démonstration.

En outre, la valeur de la récolte a été généralement calculée, sauf les variations possibles de la mercuriale, à raison de 3 à 4 fr. par 100 kilos pour la paille, de 3 à 8 fr. le quintal pour les balles, et de 15 à 18 fr. les 100 kilos pour le grain, suivant le poids de l'hectolitre.

Le 12 novembre 1886, à la halle de Rouen, l'avoine noire du pays était cotée, y compris les frais d'entrée, au maximum, 21 fr. le quintal pour un poids moyen de 47 kilos à l'hectolitre.

Des conséquences importantes découlent des faits exposés dans le tableau colorié :

1° Il est démontré qu'en 1886, les champs qui ont reçu un supplément d'engrais chimiques ont donné une récolte rémunératrice, c'est-à-dire que le prix de l'engrais a été bien plus que couvert par l'excédent de récolte.

En moyenne et en nombre rond, 100 fr. d'engrais par hectare ont donné un surplus de récolte valant 165 fr., soit un boni de 65 fr. par hectare. Rapporté à 100 hectares, le boni serait de 6,500 fr. ;

2° La moyenne de la récolte en hectolitres de tous les champs qui ont reçu de l'engrais chimique est de 68 hectolitres avec un poids moyen de 47 kilos par hectolitre. Or, le relevé officiel des rendements en avoine dans la Seine-Inférieure, pendant la période quinquennale qui vient de s'écouler, recensement officiel fourni par les Commissions cantonales, donne seulement un rendement moyen de 30 hectolitres par hectare. Le chiffre maxima, celui de l'année 1882, est de 34 hectolitres.

Donc, le rendement de nos champs de démonstration dépasse du double celui qui est donné par la statistique officielle.

Il ne serait cependant pas exact d'attribuer entièrement cette augmentation considérable de récolte à l'emploi des engrais chimiques.

On peut s'en assurer par le résultat des champs témoins qui n'ont pas reçu de supplément d'engrais. Le rendement moyen de ces champs est de 51 hectolitres.

Dans tous les cas, ces intéressantes données viennent à l'appui de l'opinion émise par un économiste distingué, M. Béverini-Vico qui, dans une étude fort remarquable sur l'agriculture de la Seine-Inférieure, avait conclu que les renseignements officiels fournis par les Commissions cantonales étaient bien au-dessous de la réalité.

Une anomalie dont je dois dire quelques mots parce qu'elle porte avec elle un précieux enseignement, est celle que l'on peut observer dans les champs de l'arrondissement du Havre (n° 3), cultivés par M. Geulin. Le témoin l'emporte de 79 fr. sur le champ de démonstration. Au fond, ce champ témoin est un véritable champ de démonstration, quand on le compare aux champs du fermier voisin, car il a reçu pour 83 fr. d'engrais chimique.

M. Philippe, professeur départemental, s'est trouvé en présence d'une difficulté.

M. Geulin, son laborieux collaborateur, ne cultive pas, depuis cinq à six ans, sans employer d'engrais chimiques, parce qu'il y trouve son intérêt.

L'honorable professeur a voulu établir alors l'influence de la qualité de la semence. C'est qu'en effet, le choix de la semence et de l'engrais chimique sont avec la propreté de la terre et l'état météorologique de la région, les facteurs importants de la production agricole. Le résultat obtenu n'est pas douteux. Dans l'un des champs, le rendement a été de 32 quintaux, et de 34 quintaux dans l'autre ; mais la meilleure semence l'a emporté comme résultat financier.

En résumé, Monsieur le Préfet, les champs de démonstration, malgré les tâtonnements inhérents à toute première organisation, ont donné dès cette année des résultats satisfaisants.

Sans vouloir conclure d'une façon trop prématurée avant que le mode de culture par les engrais chimiques n'ait eu la sanction pratique de plusieurs années, il me sera peut-être permis de faire entrevoir les conséquences de pareils résultats.

La démonstration a établi que cette année, qui généralement a été favorable à l'avoine, la moyenne du boni avait été d'environ 65 fr. par hectare, malgré la différence d'assolements et la diversité des terres éparpillées dans le département, et sur lesquelles l'expérience a porté.

On se demande si les 84,000 hectares, que la statistique officielle indique comme ayant été annuellement ensemencés en avoine dans la période quinquennale qui vient de finir, n'auraient pas produit également en avoine cette année, à l'aide des engrais chimiques, un boni proportionnel, c'est-à-dire près de

SIX MILLIONS DE FRANCS

en plus de ce qu'ils ont pu donner par le mode de culture ordinaire.

Poser la question, c'est montrer aux cultivateurs la grande étape qu'il leur reste à franchir; c'est aussi justifier aux yeux de tous le crédit que sur votre proposition, Monsieur le Préfet, le Conseil général s'est empressé de voter en faveur du progrès agricole dans notre département.

L'application des engrais chimiques doit-elle être avantageuse pour tous les terrains propres à la culture? La réponse n'est pas douteuse. Leur emploi n'est contre-indiqué que lorsque le sol arable renferme déjà, en quantités nécessaires, les principaux agents de fertilité : azote, potasse, chaux, acide phosphorique, etc., ce qui n'est pas le cas pour le sol du département de la Seine-Inférieure, qui est généralement pauvre en phosphates.

Mais une condition essentielle à remplir pour que

ces engrais produisent tous leurs effets, en dehors de l'influence de l'état météorologique, c'est la nécessité de ne les épandre que sur des terres très propres, c'est-à-dire soigneusement épurées des mauvaises herbes : chiendent, chardon, cuscutte, gernotte, etc., qui trop fréquemment envahissent encore un grand nombre de nos cultures. Ces mauvaises herbes sont gourmandes d'engrais ; elles se l'assimilent avant qu'il ne profite à la plante cultivée. Non-seulement, l'engrais chimique épandu sur de semblables terres négligées ne saurait produire tous les effets utiles que le cultivateur doit en attendre, mais en favorisant le développement des mauvaises herbes, il rendrait encore l'extirpation de celles-ci plus laborieuse.

En terminant, je me fais un devoir, Monsieur le Préfet, de vous signaler la coopération active de MM. Rasset, Bailhache, Breton, Geulin et Ponchy à l'œuvre des Champs de démonstration. Leur concours nous a été des plus utiles. Au nom des professeurs de l'Ecole départementale, je leur exprime mes remercîments.

Veuillez agréer, Monsieur le Préfet, l'assurance de mon respect.

Le Directeur de la Station agronomique
de la Seine-Inférieure,

A. HOUZEAU.

Rouen, le 14 novembre 1886.

Post-scriptum. — Je joins ici à titre d'annexes, pour être consultées à l'occasion, et pour que chaque auteur conserve la responsabilité de son œuvre, les tableaux complets qui contiennent les détails des opérations des champs de chaque arrondissement et tels qu'ils ont été dressés, d'après un cadre à peu près identique, par MM. les Professeurs départementaux.

ÉCOLE DÉPARTEMENTALE D'AGRICULTURE

ET STATION AGRONOMIQUE DE LA SEINE-INFÉRIEURE

Siège à Rouen, route de Caen et rue des Murs-Saint-Yon.

RÉSUMÉ DE LA RÉCOLTE A L'HECTARE

sur huit hectares, dont toute la récolte a été battue et pesée.

AVOINE DE PRINTEMPS 1886

[illegible]

	1 ARRONDISSEMENT D'YVETOT — FOUCARD (Professeur : M. [illegible] ; Cultivateur : M. [illegible])		2 ARRONDISSEMENT DE DIEPPE — ENVERMEU (Professeur : M. [illegible] ; Cultivateur : M. [illegible])		3 ARRONDISSEMENT DU HAVRE — TOURVILLE-FÉCAMP (Professeur : M. Philippe ; Cultivateur : M. Gellin)		4 ARRONDISSEMENT DE NEUFCHATEL — MONTÉROLLIER (Professeur : M. Blanche ; Cultivateur : M. Basset)	
	CHAMP DE DÉMONSTRATION	CHAMP TÉMOIN	CHAMP DE DÉMONSTRATION	CHAMP TÉMOIN	CHAMP DE DÉMONSTRATION	CHAMP TÉMOIN	CHAMP DE DÉMONSTRATION	CHAMP TÉMOIN
	Avoine sur [illegible] avec engrais chimiques.	Avoine sur [illegible], culture ordinaire sans engrais chimiques.	Avoine sur colza avec engrais chimiques.	Avoine sur [illegible], culture ordinaire sans engrais chimiques.	Avoine sur blé avec engrais chimiques.	Avoine sur blé avec engrais chimiques.	Avoine sur blé avec engrais chimiques.	Avoine sur blé, culture ordinaire sans engrais chimiques.
Nom de la semence	Avoine noire de Tartarie	Avoine noire de Tartarie.	Avoine noire de Tartarie.	Avoine jaune de Flandre.	Avoine jaune de Flandre.	Avoine blanche de Picardie.	Avoine noire de Coulommiers	Avoine noire de Coulommiers
Poids employé et son prix	200 kil. — 96 fr	200 kil — 96 fr	160 kil — 49f,60	160 kil — 32 fr	250 kil — 62 fr	250 kil — 50 fr	150 kil — 33 fr	150 kil — 33 fr
Nombre d'hectolitres de grain obtenu	[illegible]	57 hect	64h,5	35 hect	74h,5	78 hect	58 hect	42 hect
Poids de l'hectolitre	[illegible]	47 kil	46 kil	47 kil	42k,5	45 kil	46k,7	46 kil
PRODUIT TOTAL.	Valeur argent	Valeur argent	Valeur argent	Valeur argent	Valeur argent	Valeur argent	Valeur argent	Valeur argent
Paille et balles	[illegible] — 217 fr	3.913 kil — 156 fr	5.481 kil — 207 fr	4.291 kil — 172 fr	7.711 kil — 315 fr	6.934 kil — 281 fr	3.963 kil — 119 fr	3.103 kil — 93 fr
Grain net	[illegible] — 606	2.674 — 491	2.963 — 564	[illegible] — 465	3.168 — 475	3.528 — 565	2.679 — 429	1.926 — 308
Valeur totale	[illegible]	640	771	637	790	846	556	401 fr
à déduire les frais d'engrais et d'épandage (1)	112		96		107	83	107	
Produit net du Champ de Démonstration	[illegible]		675		683	763	441	
Produit du Champ Témoin	[illegible]		637			Ch. de Démonst. 683	401	
d'où excédent en faveur du Champ de Démonstration, par hectare	[illegible]		38 fr			Exc. Témoin 80 fr	40 fr	

(1) FRAIS DE DÉPENSES POUR LES ENGRAIS CHIMIQUES EMPLOYÉS.	1 Dém.		2 Dém.		3 Dém.		3 Témoin		4 Dém.	
Sulfate d'ammoniaque	[illegible]	[illegible]	100	36	150	45	[illegible]	35	80	29
Nitrate de soude										
Superphosphate de chaux	300	27	300	23	300	26	400	21	200	16
Sels de potasse	100	23	50	21	17	5	140	24	90	21
Plâtre	200	[illegible]	50	4	115	[illegible]			300	9
Frais d'épandage et divers		[illegible]		15		[illegible]		4		32
(Voir les détails aux tableaux spéciaux I, II, III, IV)		[illegible]		96		[illegible]		[illegible]		107 fr

1 M. [illegible] — La paille [illegible] — Les balles [illegible] — Le grain [illegible]

2 M. [illegible] — [illegible]

3 M. [illegible] — Paille [illegible] les 100 kilog. — Balles [illegible] — Grain [illegible] les 100 kilog.

4 M. Basset. — Pailles et balles à 3 fr. les 100 kil. — Grain à 16 fr. les 100 kil.

[illegible]

[illegible] 81.000 hectares [illegible] SIX MILLIONS de francs de plus de ce qu'ils ont pu donner par le mode de culture ordinaire. [illegible]

RÉPONSES

aux critiques faites sur les Champs de démonstration de la Seine-Inférieure.

Les résultats obtenus sur les Champs de démonstration ont été l'objet de diverses critiques publiées dans le *Journal* et le *Nouvelliste* de Rouen.

Nous insérons ici, à titre de renseignement, les réponses qui ont été faites à ces critiques, et qui ont également paru dans les mêmes journaux.

Pour éviter tout caractère de personnalité, nous avons cru devoir désigner seulement par X l'auteur de ces critiques.

PREMIÈRE RÉPONSE AUX CRITIQUES FAITES SUR LES CHAMPS DE DÉMONSTRATION.

La critique de M. X... s'adresse principalement aux résultats obtenus par le champ de démonstration de Foucard, parce que, dit-il, c'est le champ qui a donné les meilleurs résultats en apparence. D'un trait de plume, notre contradicteur abaisse le prix de tous les produits et augmente celui des dépenses. Malgré cela, il ne peut arriver à supprimer complètement le bénéfice et se trouve encore obligé, en fin de compte, de reconnaître un boni net de 15 fr. 91. Il en résulterait déjà pour le cultivateur un placement à 10 0/0 sur l'engrais pendant six mois, soit 20 0/0 par an. Ce fait seul suffirait à démontrer que l'emploi des engrais chimiques est recommandable.

On dit qu'il a été employé trop de semence : c'est déplacer la question. On a mis la quantité de semence qui a été jugée nécessaire. On croit avoir bien fait puisque le résultat est satisfaisant. La démonstration n'avait pas d'ailleurs pour objet l'influence de la quantité de semence.

Il suffit de jeter un coup d'œil sur le tableau indiquant le résultat des champs de démonstration de la Seine-Inférieure pour voir que le produit brut est en raison directe de la quantité de semence employée.

Déchet. — Il plaît à M. X... de faire battre chez lui, pour apprécier le déchet, une avoine dont il ne dit même pas la variété. Et il en conclut que le déchet est de 20 0/0. Qu'est-ce que cela peut faire dans la question ? Il réduit ce déchet à 11 0/0. C'est encore arbitraire. S'il est de 20 0/0, il ne faut pas le réduire à 11, et s'il est de 11, il ne faut pas le porter à 20. Tout cela ne prouve pas que le déchet de notre avoine de consommation n'est pas ce que nous avons annoncé. Il est évident que le déchet est bien plus élevé pour une avoine de semence, et qu'il varie selon le bon fonctionnement de la machine à battre et du ventilateur.

Pour quel motif, en outre, appliquer ce déchet de 11 0/0 à un produit net, c'est-à-dire déjà réduit. — Erreur d'inattention.

Paille. — Notre contradicteur estime que la paille ne vaut que 30 fr. Chez lui, c'est possible. Elle vaut plus ou moins, selon les contrées. On a eu preneur à 40 fr. les 1,000 kilog., en gare d'Alvimare. Elle est portée à 40 fr. au tableau, c'est donc conforme au prix de vente (1).

(1) Au dire de M. Philippe, professeur départemental, une adjudication de paille d'avoine, qui a été faite cette année pour l'Hospice-Général, a fourni cette paille à 40 fr. les 1,000 kilos, rabais déduit. La paille d'avoine ne paie pas d'entrée à Rouen.

M. X... ne dit mot du prix des balles. Il sait cependant aussi bien que nous qu'elles ont une valeur alimentaire presque double des pailles, et que des experts les estiment dans les expertises de ferme à 80 fr. les 1,000 kilog. Nous ne les avions portées approximativement qu'au prix de la paille, en compensation de quelques menus frais passés sous silence. Mais, puisqu'on veut préciser, nous admettons avec les experts que les balles valent au moins le double de la paille.

Grain. — Même observation pour le grain compté à 18 fr. le quintal. C'était le prix à l'époque. La totalité a été même vendue, comme avoine de semence, à raison de 23 fr. Mais de quel droit vient-on taxer à 14 fr., sans aucune preuve, une avoine qui pèse 49 kilog. l'hectolitre et qu'on n'a ni vue ni touchée ? C'est donc un parti-pris.

Moisson. — Le travail de la moisson à Foucard, comme dans tout le pays de Caux, se fait à la *tâche*, c'est-à-dire pour la récolte totale, qu'elle soit forte ou faible. On a donc intérêt à ce qu'elle soit la plus grande possible. De là encore une nouvelle réduction de 4 fr. 69 à faire sur la note de M. X...

Notre contradicteur, si empressé à exagérer les chiffres de la dépense, se garde bien de parler des produits qui viennent en dégrèvement de ces dépenses.

Nous avons déjà signalé son silence à l'égard de la plus-value des balles sur la paille. Il ne dit pas un mot de l'apport comme engrais de l'excédent de chaume laissé par l'excédent de paille du champ de démonstration. Cependant, ce chaume recueilli en septembre, pesé et analysé par l'un de nous, représente une valeur de 6 fr., qui vient en déduction de la dépense. Ce sont ces diverses ressources et d'autres, dont nous ne parlons pas, qui, faisant compensation au supplément du battage de la récolte, nous avaient autorisés à ne pas entrer dans plus de détails. Mais, puisque cette lacune a été mal interprétée, nous la comblons avec plaisir.

Ainsi, le supplément de battage pour 230 gerbes à 5 fr. les 100 gerbes constitue une somme de 11 fr. 50 à inscrire au débit du champ de démonstration.

Capital engrais. — Pourquoi un intérêt pour huit mois à 6 0/0 ? Puisque la culture n'a duré que six mois, on ne doit compter que six mois. Or, comme la vente de l'engrais se fait à 90 jours, l'intérêt de ce capital ne dure que trois mois, soit, à 6 0/0, un intérêt de 1 fr. 55, au lieu de 4 fr. 28 qui ont été portés par notre contradicteur.

Frais de transports. — Mais voici l'affirmation la plus extraordinaire. Pour diminuer le bénéfice de la démonstration, M. X... n'hésite pas à porter à l'article « dépenses » la somme de 13 fr., somme très importante puisqu'elle représente le *septième* de la valeur de la matière fertilisante, et cela, pour frais de transport des engrais. M. X... trouve encore que ce n'est pas assez. Il fait payer par le champ de démonstration l'intérêt de ces 13 fr. pendant huit mois à 6 0/0 par an.

Or, la vérité que M. X... aurait pu savoir s'il ne s'était inspiré d'un parti-pris aussi regrettable, c'est que les 100 fr. d'engrais ont été achetés *rendus franco à la gare de Foucard-Alvimare.* Le supplément de dépenses de 13 fr. qu'avec fracas il porte à la dépense et qu'il nous reproche même d'avoir omis est donc une erreur de son fait. Et l'intérêt de cette somme pendant huit mois à 6 0/0 l'an une autre erreur.

Voici d'ailleurs le résumé avec les détails principaux de la récolte des deux champs de Foucard :

Démonstration sur deux hectares d'avoine dont toute la récolte a été battue et pesée.

CHAMP TÉMOIN.

Pailles et balles, 3,973 k. à 4 fr.		159 fr.
Grain net, 2.673 k. à 18 fr.		481
Total. . . .		640 fr.

CHAMP DE DÉMONSTRATION.

Pailles et balles, 6,401 k. à 4 fr.		256 fr.
Grain net, 3,377 k. à 18 fr.		608
Total. . . .		864 fr.
Dont il faut déduire pour frais payés :		
Engrais rendu franco en gare Alvimare.	100 50	
Transport de gare à ferme, mélange, épandage.	4	
Intérêt de ce capital pendant trois mois à 6 0/0 par an	1 55	
Supplément de battage à raison de 5 fr. les 100 gerbes	11 50	
Total. . . .		117 55
Reste pour le champ de démonstration		746 45
Pour le champ témoin.		640
Différence ou boni partiel du champ de démonstration		106 45
Auquel il faut ajouter :		
Excédent de chaume, valeur engrais.	6 fr.	
Excédent de valeur des balles, 193 k. à 4 fr. les 100 k.	7 70	
Total. . . .		13 70
Boni total par hectare. . . .		120 15

En conséquence, les résultats annoncés sur le champ de démonstration de Foucard sont confirmés et justifiés.

Signé :

HOUZEAU,	BAILHACHE,
Professeur départemental d'agriculture.	Cultivateur à Foucard-Alvimare.

DEUXIÈME RÉPONSE AUX CRITIQUES SUR LES CHAMPS DE DÉMONSTRATION.

Il est à remarquer que, dans ses nouvelles critiques, M. X... ne répond nullement avec précision aux erreurs considérables qu'il avait commises à l'égard du champ de Foucard qui seul nous concerne. Ainsi il ne s'explique pas :

1° Sur la différence de prix et de valeur alimentaire entre la paille et les balles qu'il avait entièrement oubliée ;

2° Sur l'excédent de chaume laissé par le champ de démonstration et qu'il avait également oublié;

3° Sur la réduction de son fameux déchet de 11 0/0 à un grain net, c'est-à-dire déjà réduit, qu'il avait aussi oublié;

4° Sur les trois mois portés en trop dans son compte d'intérêt, l'engrais ayant été vendu à 90 jours comme cela se fait ordinairement. Pour un praticien, toutes ces omissions sont incroyables.

Quant au temps d'intérêt qui doit être appliqué au capital engrais, on peut différer d'opinion. Notre contradicteur admet huit mois, un autre admettra sept, neuf, dix ou douze mois avec tout autant de raison.

Nous avons admis six mois comme une base logique, parce que la culture de l'avoine du printemps dure six mois. De même nous admettrons douze mois pour l'intérêt du capital engrais à l'égard du blé d'hiver, dont la culture exige douze mois. C'est une base comme une autre et qui a l'avantage d'être fixe et d'éviter de faire intervenir des arguments élastiques impossibles à vérifier. Il importe peu que celui qui se livre à la spéculation attende trop longtemps pour vendre ses produits. Notre compte d'intérêt, ayant pour point de départ la durée de la culture, présente au moins l'avantage d'une base de fait toujours définie et invariable. C'est pourquoi nous l'avons admise.

5° Sur l'extravagance de sa comptabilité, qui lui a fait porter au débit du champ de démonstration des *frais de transport* de 13 fr., plus un intérêt de 6 0/0 l'an pendant huit mois, alors que ces engrais étaient rendus franco.

Or, de toutes ces graves erreurs, à l'aide desquelles il voulait faire croire que le boni de 120 fr. par hectare n'existait pas, il ne dit mot dans sa réponse. Donc, notre première réponse était péremptoire. La seconde ne le sera pas moins. Nous procèderons, d'ailleurs, avec le même soin et le même ordre.

Frais de transport de la gare d'arrivée à la ferme. — Notre contradicteur admet d'une manière générale, dans la première critique, que le coût du transport est de 2 fr. par quintal. Puisqu'il regrette que nous ayons gardé le silence sur quelques-unes de ses objections, nous réparons avec empressement cet oubli involontaire. 2 fr. par quintal ! Or, voici le compte frais de transport, que nous faisons pour un parcours moyen de 8 kilomètres d'un chargement d'engrais de 1,300 kil. (soit pour deux hectares) :

Demi-journée de cheval.	2 fr. 50
Demi-journée d'homme	1 25
Total pour 1,300 kil	3 fr. 75

Soit pour 100 kilog. 0 fr. 29 au lieu de 2 fr. indiqué par M. X...

Assez souvent, ce prix de 0 fr. 29 est encore exagéré. Le cultivateur porte à la gare ses produits et s'en retourne avec le chargement d'engrais.

Situation exceptionnelle. — On nous reproche de faire les comptes d'un fermier dans une situation exceptionnelle. Cela n'est par exact, et de plus ce n'est pas la question.

Il s'agit d'un champ témoin et d'un champ de démonstration. Sur le premier, on n'a rien mis comme engrais; sur l'autre, on a fait une avance en engrais et dépenses supplémentaires qui s'élève à . . . . 117 fr. 55

On a obtenu un excédent de récoltes valant . 237 70

D'où un boni par hectare de. . . . . 120 fr. 15

C'est net.

Il n'y a aucune situation exceptionnelle à faire valoir. Parler d'une ferme ordinaire ou d'une ferme extraordinaire, c'est toujours déplacer la question. Il s'agit seulement, uniquement, de la ferme de Foucard. Une autre année, le boni pourra être plus grand ou plus petit. Nous l'avouerons avec la même sincérité. Nous n'avons aucun intérêt à ne pas dire la vérité.

Distance des champs. — On critique maintenant la distance qui sépare l'un des champs de l'autre. Cette distance est à peine de 400 mètres. Le fait est vrai, mais on a le tort grave d'insinuer que nous ne le disons pas. Il a été signalé à la commission et, de plus, inscrit avec d'autres détails dans le tableau spécial qui justifie la conclusion de chacun de MM. les professeurs départementaux.

Cette distance n'a pas été volontaire de notre part. Nous n'avons cependant pas eu lieu de la regretter, étant donnée la nature homogène de la terre dans cette partie de la ferme de Foucard. Elle nous a été imposée par la nature même de l'assolement. Il n'a pas été possible de changer la situation.

La distance de quelques cents mètres ne fait rien quand le sol est homogène et plat. Aucun des deux champs ne reçoit l'égout d'autres champs. D'ailleurs, deux champs peuvent être l'un à côté de l'autre et ne présenter aucune similitude. Ce n'est donc pas le voisinage qui fait la valeur de la comparaison.

La distance, malgré l'homogénéité du terrain, peut avoir des inconvénients si elle est assez considérable pour correspondre à une influence de l'état météorologique d'une région. Mais est-ce le cas pour deux hectares de la même alluvion qui sont distants l'un de l'autre seulement de 400 mètres? Donc notre contradicteur a également tort sur ce point.

Pesage de la récolte. — On critique encore la manière dont il a été procédé au pesage. Nous avons fait ce que nous avons pu avec les éléments qui étaient à notre disposition. Et comme le même mode de pesage était exercé aussi bien pour les produits du champ témoin que pour ceux du champ de démonstration, les résultats demeurent comparables. C'est le point important. En cela M. X... commet une erreur. Il confond les champs d'expérience avec les champs de démonstration. L'étude des premiers doit être faite avec des méthodes et des instruments qui se rapprochent de la précision scientifique.

Au contraire, dans les champs de démonstration, on se propose de mettre en évidence l'utilité de l'application des principes scientifiques, et non des instruments scientifiques, à la pratique agricole ordinaire, laquelle pratique comporte, en dehors du facteur scientifique, ses ouvriers, son outillage ordinaires. Si nous avions procédé au pesage avec des balances de précision, on n'aurait pas manqué de nous faire le reproche d'opérer en savants et non en praticiens. Si la conception de la fumure a été scientifique, nous maintenons que l'exécution de la récolte a été pratique.

Quantité de semence. — On renouvelle, sans rime ni raison, la critique relative à la quantité de semence employée.

Or, le tableau général fait ressortir précisément, sans que nous l'ayons cherché, que le produit brut est en raison directe de la quantité de semence employée. C'est même là un contrôle inattendu et qui est la meilleure réponse aux doutes qu'on semble insinuer. On ajoute encore : Doublez votre semence et vous aurez le double de produit brut. C'est encore inexact. Il y a une limite maximum qu'il ne faut pas dépasser. Vraiment, toutes ces objections, toutes ces critiques sont-elles sérieuses ?

Prix de l'avoine. — Notre contradicteur cherche cette fois-ci à justifier le prix de 14 fr. qu'il a eu la prétention d'imposer à notre avoine sans l'avoir ni vue ni touchée. Pour cela, il exhibe des cours recueillis, dit-on, à Fauville, à Dieppe. Mais à quelle date remonte ces cours ? A quelle nature d'avoine sont-ils appliqués ? Pas un mot. On sait, cependant, que l'avoine blanche se paye de 1 fr. 50 à 2 fr. moins cher que l'avoine noire, et que, depuis quelques mois, les cours ont baissé.

Quel crédit peut-on accorder à un praticien qui omet de fournir un pareil contrôle, si facile, à ses assertions ?

Mais ce qu'il ne dit pas, nous allons le préciser.

Est-il vrai, oui ou non, que le 12 novembre 1886, deux jours avant le dépôt du rapport, le prix officiel, à la halle de Rouen, de *l'avoine noire du pays*, d'un poids moyen de 47 kilog. était coté, y compris les frais d'entrée, à 21 fr. le quintal ?

Est-il vrai, oui ou non, que vingt-deux jours plus tard, le 3 décembre 1886, une adjudication de 21,000 kilog. *d'avoine noire du pays*, du poids moyen de 46 kilog, a eu lieu, pour Quatre-Mares et Saint-Yon, au prix de 18 fr. 05 les 100 kilog. ?

On voit donc bien que le prix de 18 fr. accordé à l'avoine noire de Tartarie, pesant 49 kilog. n'a rien d'exagéré. Dans tous les cas, nous précisons; nous fixons les dates, nous désignons la nature de l'avoine, etc., etc.

Frais d'analyse. — Pourquoi compter 24 fr. alors que l'analyse ne peut coûter que 12 fr. ? Est-ce que le cultivateur qui nous envoie sa terre à analyser ne sait pas si elle a besoin d'être chaulée ou marnée ? Quand il emploie des engrais chimiques, il ne nous demande que le dosage des trois éléments : azote, acide phosphorique et potasse. Total : 12 fr. au lieu de 24 fr., soit une erreur de 50 0/0 que commet encore M. X... Dailleurs, il n'est pas nécessaire de faire analyser la même terre chaque année. Les frais d'analyse se répartissent sur le budget de plusieurs années et se trouvent d'autant amoindris comme petit capital de premier établissement.

Mais, en fait, nous n'avons pas eu à défalquer ces frais de notre boni de 120 fr. par hectare, parce que la terre du champ témoin a été analysée comme celle du champ de démonstration ?

Frais généraux. — On nous reproche aussi de ne pas tenir compte des frais généraux.

Qu'ont-ils à faire dans la question spéciale des champs de démonstration ? Est-ce que le champ témoin n'est pas soumis à leur influence comme le champ de démonstration ?

Est-il besoin de s'en préoccuper pour savoir qu'une dépense de 100 fr. en engrais chimiques et frais supplémentaires donne un bénéfice par rapport aux produits du champ témoin qui n'est pas débiteur de cette dépense ?

M. X... déplace toujours la question. C'est ainsi qu'il parle encore de champs par ci, de champs par là, qui ne nous concernent pas ; qu'il essaye de discuter sur des champs de betteraves alors qu'il ne s'agit uniquement que de champs d'avoine. Il embrouille comme à plaisir le problème au lieu de l'élucider. Il fait de la polémique alors que nous discutons.

Nous ne saurions, sans perdre notre temps, le suivre dans cette voie.

Conclusions. — Il est donc avéré par tout ce qui précède que les arguments de M. X... pour combattre nos conclusions sur les résultats du champ de Foucard reposent sur autant d'exagérations que d'erreurs manifestes. Certes, nous n'avons pas la prétention de convaincre ceux qui ne veulent pas être convaincus. Mais il était de notre devoir, dans l'intérêt de la vérité, de relever ces exagérations et ces erreurs, parce qu'en leur accordant crédit, on retarderait le progrès dont on a tant besoin.

Sommes-nous, après tout, les innovateurs de l'emploi des engrais chimiques qui rendent tant de services ailleurs : dans le Nord, la Mayenne, la Loire-Inférieure, etc. Là, on ne discute pas, on applique.

En résumé, nous ne voyons aucune raison pour réduire la somme primitivement fixée par le boni du champ de Foucard. Nous le maintenons au chiffre vrai de 120 fr. par hectare.

Signé :

HOUZEAU, Professeur départemental d'agriculture.	BAILHACHE, Cultivateur à Foucard- Alvimare.

TROISIÈME RÉPONSE AUX CRITIQUES SUR LES CHAMPS DE DÉMONSTRATION.

Défenseur d'une mauvaise cause, M. X... a essayé de détruire le boni de notre Champ de démonstration par des majorations excessives sur le prix des dépenses, en même temps qu'il diminuait arbitrairement le produit.

Ce système très ingénieux ne lui a pas réussi.

Cependant, dans la troisième édition revue et considérablement diminuée de ses critiques, notre contradicteur veut bien s'offrir la satisfaction de croire que ses arguments nous gênent.

Nous ne le troublerions pas dans cette douce quiétude, si ce n'était déjà une nouvelle erreur ajoutée gratuitement aux autres erreurs dont, à chaque réponse, il ne cesse d'enrichir sa remarquable collection.

On va le voir :

I. Il dit que la bascule dont nous nous sommes servis pour apprécier la récolte fonctionnait mal. — C'est inexact, elle fonctionnait bien.

II. Il dit encore qu'elle est restée muette sur le poids de l'hectolitre de l'avoine. — C'est également inexact. Le poids de 49 kilog. à l'hectolitre a été inscrit au tableau général qui a été publié.

III. Nous avons suffisamment justifié, pour ceux qui n'ont pas un parti pris, notre estimation de 18 fr. le quintal pour des avoines noires pesant 49 kilog. l'hectolitre, et nous jugeons inutile d'y revenir. Il suffit de se reporter aux mercuriales de l'époque du battage pour vérifier l'exactitude de notre estimation.

IV. Un nouvel argument de notre contradicteur repose sur une équivoque : *précision de la bascule* et *balance de précision*. — Nous avons dit que la précision, c'est-à-dire l'exactitude de la bascule, avait été vérifiée, et nous le maintenons. Est-ce que, par hasard, notre contradicteur jouerait sur les mots ?

Si M. X... cherche à équivoquer, c'est pour dire : *La bascule fonctionnait mal.* Puisque notre contradicteur ne l'a ni vue ni touchée (comme l'avoine), nous l'avertissons qu'il a été induit en erreur.

Dans une discussion de ce genre, il est indispensable que

celui qui critique ne parle pas par *ouï-dire*, sans quoi il s'expose à commettre de graves erreurs.

Les allégations mal fondées ne valent pas les bons arguments.

V. Dans le Nord, dans la Mayenne, dans la Charente-Inférieure et autres départements, on ne discute pas, dit encore M. X..., parce que les chiffres sont exacts. — Allons donc !

Est-ce en comptant des frais de transport que nous n'avons pas payés ?

Est-ce en majorant de plus de 50 0/0 certains chiffres réels ?

Est-ce en affirmant que le transport de 100 kilog. coûte 2 fr., alors qu'il n'est que de *vingt-neuf* centimes, qu'il fera croire à l'inexactitude de nos résultats ?

Dans ces contrées, où règne un esprit généreux d'initiative, on ne discute pas :

Parce qu'on croit au progrès ;

Parce qu'on le désire ;

Parce qu'on travaille à l'affirmer et non à y mettre des entraves.

On voit haut et loin.

On ne perd pas son temps à la chicane, et surtout on ne le fait pas perdre aux autres.

On fait parler la terre.

En somme, croyance au succès, pas de tapage et meilleure besogne.

Conclusions. — De cette réponse, ainsi que de nos publications antérieures, il résulte :

1° Que l'on a obtenu le poids de la paille des deux champs en pesant régulièrement la vingtième gerbe. On obtient ainsi une moyenne vraie par une méthode simple et pratique.

2° Que la totalité du grain fourni par chaque champ a été pesée à l'aide d'une bascule vérifiée et fonctionnant bien.

3° Que le boni de 120 fr. obtenu sur le champ de démonstration n'est pas un mirage. Il est sincère, réel, et nous le maintenons.

Signé :

A. Houzeau,
Professeur départemental
d'agriculture.

Bailhache,
Cultivateur à Foucard,
près Alvimare.

1

ÉCOLE DÉPARTEMENTALE D'AGRICULTURE

Champs de DÉMONSTRATION

ET

STATION AGRONOMIQUE DE LA SEINE-INFÉRIEURE

Siège à ROUEN, route de Caen et rue des Murs-Saint-Yon

TABLEAUX ET NOTES DE TRAVAIL

Année 1886

SEMAILLES

AVOINE

Professeur départemental : M. *Houzeau*

Cultivateur : M. *Bailhache à Foucard*

Arrondissement de *Yvetot*

	CHAMP DE DÉMONSTRATION But de la démonstration : *Influence de l'Engrais chimique*	CHAMP TÉMOIN *Sans aucun engrais chimique*
1. Nature de la terre arable	*Franche*	*Franche*
4. Nature du sous-sol	*Argileux*	*Argileux*
5 bis. Orientation et inclinaison du Champ	*Plat - Nord au Sud*	*Plat - Nord au Sud*
6. Culture précédente	*Betteraves*	*Betteraves*
12. CULTURE ACTUELLE SUR	*Avoine noire de Tartarie*	*Avoine noire de Tartarie*

OBSERVATIONS GÉNÉRALES :

1

ÉCOLE DÉPARTEMENTALE D'AGRICULTURE

Champs de DÉMONSTRATION

ET

STATION AGRONOMIQUE DE LA SEINE-INFÉRIEURE

Siège à ROUEN, route de Caen et rue des Murs-Saint-Yon

TABLEAUX ET NOTES DE TRAVAIL

Année 1888

RÉCOLTE

AVOINE

Professeur départemental : M. *Houzeau*

Cultivateur : M. *Bailhache à Foucart*

Arrondissement de *Yvetot*

	CHAMP DE DÉMONSTRATION *avec engrais chimiques*	CHAMP TÉMOIN *sans aucun engrais*
25. Etat et qualité de la Récolte	*Bonne*	*Bonne*
26. Date du fauchage	*12 Août*	*12 Août*
27. Date du battage	*12 Août*	*31 Août*

Résumé de la récolte à l'hectare :

CONCLUSION

Résultats économiques de la Culture :

41. Produit net du Champ de Démonstration

42. Produit du Champ Témoin

Excédent en faveur du Champ

OBSERVATIONS GÉNÉRALES :

REMARQUE :

Page 1

2

ÉCOLE DÉPARTEMENTALE D'AGRICULTURE

Champs de DÉMONSTRATION

ET

STATION AGRONOMIQUE DE LA SEINE-INFÉRIEURE

Siège à ROUEN, route de Caen et rue des Murs-Saint-Yon

TABLEAUX ET NOTES DE TRAVAIL

Année 1886

SEMAILLES

AVOINE

Professeur départemental : M. *Gaulier*

Cultivateur : M. *Breton à Envermeu*

Arrondissement de *Dieppe*

	CHAMP DE DÉMONSTRATION	CHAMP TÉMOIN
	But de la démonstration *Influence des engrais chimiques et de la semence.*	
6. Culture précédente	*Pépinière de Colza*	*Pépinière de Colza*
	quaternal	*quaternal*

Quantités en poids de fumier ou d'engrais chimiques et divers employées dans la culture précédente :

12. Culture actuelle sur	*un hectare*	*un hectare*
13. Nom de la semence	*Avoine noire de Tartarie*	*Avoine jaune de Flandre*
	90 pour cent	*90 pour cent*
	très pure	*pure*
	14 Avril 1886	*14 Avril*

Engrais :

19. Date de l'épandage de l'engrais	*14 Avril*	

Observations générales :

NOTA. [illegible]

Page 2

2

ÉCOLE DÉPARTEMENTALE D'AGRICULTURE

Champs de DÉMONSTRATION

ET

STATION AGRONOMIQUE DE LA SEINE-INFÉRIEURE

Siège à ROUEN, route de Caen et rue des Murs-Saint-Yon

TABLEAUX ET NOTES DE TRAVAIL

Année 1886

RÉCOLTE

AVOINE

Professeur départemental : M. *Gaulier*

Cultivateur : M. *Breton à Envermeu*

Arrondissement de *Dieppe*

	CHAMP DE DÉMONSTRATION *avec engrais chimiques*	CHAMP TÉMOIN
	13 Juillet, bonne	
	26 Août	*26 Août*
	13 Septembre	*13 Septembre*

Résumé de la récolte à l'hectare :

Conclusion

Résultats économiques de la Culture :

Observations générales :

Remarque. [illegible]

Page 1

3

ÉCOLE DÉPARTEMENTALE D'AGRICULTURE

Champs de DÉMONSTRATION

et

STATION AGRONOMIQUE DE LA SEINE-INFÉRIEURE

Siège à ROUEN, route de Caen et rue des Murs-Saint-Yon

TABLEAUX ET NOTES DE TRAVAIL

Année 1886

SEMAILLES

AVOINE

Professeur départemental : M. *J. Philippe*

Cultivateur : M. *Henri Goulin, à Tourville-sur-Fécamp*

Arrondissement de *Havre*

	CHAMP DE DÉMONSTRATION	CHAMP TÉMOIN
But de la démonstration	*Influence de la nature des semences*	
1. Nature de la terre	*moyenne*	*moyenne*
4. Nature du sous-sol	*Argileux*	*Argileux*
6. Culture précédente	*Blé*	*Blé*
9. Fumier	*35 à 40 mille kil.*	*35 à 40 mill. kil.*
12. CULTURE ACTUELLE SUR	*Un hectare*	*Un hectare*
13. Nom de la semence	*Avoine jaune de Flandre*	*Avoine blanche de Picardie*
14. Semence employée par hectare	*à la volée* *250 kil*	*à la volée* *250 kil*
17. Degré de pureté de la semence	*pur croyons habile*	*bonne*
18. Date de l'ensemencement	*2 Avril*	*2 Avril*
Engrais :		
19. Date de l'épandage	*3 Avril*	*3 Avril*
Engrais. Total	32	32
Semence	55	50
Dépense totale	182	182

OBSERVATIONS GÉNÉRALES : [illegible]

NOTA [illegible]

Page 2

3

ÉCOLE DÉPARTEMENTALE D'AGRICULTURE

Champs de DÉMONSTRATION

et

STATION AGRONOMIQUE DE LA SEINE-INFÉRIEURE

Siège à ROUEN, route de Caen et rue des Murs-Saint-Yon

TABLEAUX ET NOTES DE TRAVAIL

Année 1886

RÉCOLTE

AVOINE

Professeur départemental : M. *J. Philippe*

Cultivateur : M. *Henri Goulin, à Tourville-sur-Fécamp*

Arrondissement de *Havre*

	CHAMP DE DÉMONSTRATION	CHAMP TÉMOIN
	Avoine jaune de Flandre	*Avoine blanche de Picardie*
25. Date et qualité de la floraison	*tardive & défectueuse*	*tardive & défectueuse*
28. Nombre et poids des gerbes obtenues par hectare	*1 030* — *4 510*	*980*
34. Balles obtenues en poids	*130*	*150*
35. Poids du grain par hectare	*3 163*	*2 323*
37. Rendement en grain par hectare — en kilog.	*3 163*	*2 323*
Résumé de la récolte à l'hectare :		
38. Produits : Grain (en poids)	*3 163* — 474	*2 323*
Valeur totale	789 31	
Total de la Dépense	621 69	

CONCLUSION

Résultats économiques de la Culture :

41. Produit net du Champ de Démonstration — 167 62
42. Produit du Champ Témoin — [illegible]

Excédent en faveur du Champ [illegible]

OBSERVATIONS GÉNÉRALES : *En comparant le rendement des deux hectares on constate* [illegible] *le comparé sur le champ témoin de 840 kilog.* [illegible]

REMARQUE : [illegible]

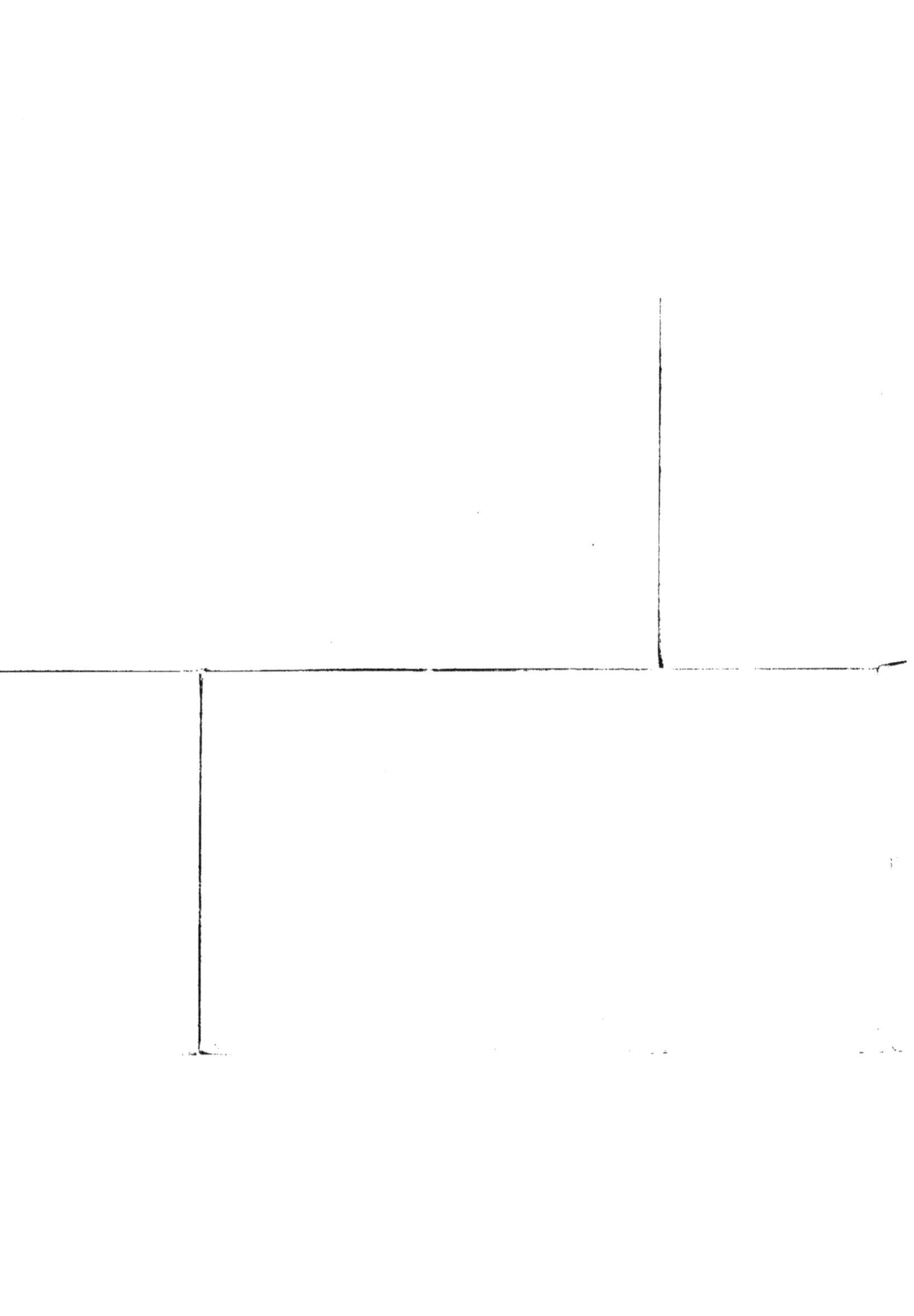

4

ECOLE DÉPARTEMENTALE D'AGRICULTURE

Champs de DÉMONSTRATION

ET

STATION AGRONOMIQUE DE LA SEINE-INFÉRIEURE

Siège à ROUEN, route de Caen et rue des Murs-Saint-Yon

TABLEAUX ET NOTES DE TRAVAIL

Année 1886

SEMAILLES

AVOINE

Professeur départemental : M. *Blanche*

Cultivateur : M. *Rassel* à *Montérollier*

Arrondissement de *Neufchâtel.*

	CHAMP DE DÉMONSTRATION	CHAMP TÉMOIN
But de la démonstration	*Influence des engrais chimiques.*	*Sans engrais*
1. Nature de la terre arable	*brun jaunâtre 2e et 3e classe* *moyenne*	*brun jaunâtre 2e et 3e classe* *moyenne*
2. [illegible]	*0m 25 à 0m 40*	*0m 25 à 0m 40*
3. Composition de la terre arable	*77*	[illegible]
	22	[illegible]
	0.16	[illegible]
	soluble dans l'acide 0.08	*0.08*
	facilement soluble dans l'acide 0.07	[illegible]
	3.30	*3.30*
	suffisamment	*suffisamment*
4. Nature du sous-sol	*imperméable, argile plastique*	*imperméable, argile plastique*
5. Profondeur du labour	*0m 25*	*0m 25*
6. Culture précédente	*Blé*	*Blé*
7. [illegible]	*satisfaisant*	*satisfaisant*
8. Assolement	*triennal*	*triennal*

Quantités en poids de fumier ou d'engrais chimiques et divers employées dans la culture précédente :

	CHAMP DE DÉMONSTRATION	CHAMP TÉMOIN
9. Fumier	*30 mètres cubes à l'hectare*	*30 mètres cubes à l'hectare*
10. Engrais chimiques		
11. [illegible]		
12. CULTURE ACTUELLE SUR	*un hectare*	*un hectare*
13. Nom de la semence	*Avoine de Coulommiers*	*Avoine de Coulommiers*
14. [illegible]	*150 lit au semoir*	*150 lit au semoir*
	0m 16	*0m 16*
15. [illegible]	*33k*	*33k*
16. [illegible]	*irréprochable*	*irréprochable*
17. [illegible]	*très pure*	*très pure*
18. [illegible]	*2 Avril*	*2 Avril*

Engrais :

	CHAMP DE DÉMONSTRATION			CHAMP TÉMOIN
19. [illegible]	*3 Avril*			*3 Avril*
20. [illegible]				
21. [illegible]				azote / acide phosphorique / potasse
	KILOS	VALEUR EN ARGENT fr.	c.	
22. [illegible]	*30*	*25*	*50*	
	200	*16*	*00*	
	50	*20*	*00*	
	300	*9*		
23. [illegible] — *Frais de mélange de l'engrais*		*15*	[illegible]	
d° de transport grande vitesse		[illegible]	[illegible]	
Total		[illegible]	[illegible]	
24. Météorologie				

OBSERVATIONS GÉNÉRALES : *[illegible] ... Chevillon de Rouen qui est soumis au contrôle de la Station agronomique.*

NOTA. [illegible]

4

ÉCOLE DÉPARTEMENTALE D'AGRICULTURE

Champs de DÉMONSTRATION

ET

STATION AGRONOMIQUE DE LA SEINE-INFÉRIEURE

Siège à ROUEN, route de Caen et rue des Murs-Saint-Yon

TABLEAUX ET NOTES DE TRAVAIL

Année 1886

RÉCOLTE

AVOINE

Professeur départemental : M. *Blanche*

Cultivateur : M. *Rassel* à *Montérollier*

Arrondissement de *Neufchâtel*

	CHAMP DE DÉMONSTRATION	CHAMP TÉMOIN
	Action des engrais chimiques	[illegible]
25. Date et qualité de la floraison	*24 Juillet. Floraison irrégulière*	[illegible]
26. Date du fauchage	*24 Août*	[illegible]
27. Date du battage	*23 Septembre*	[illegible]
28. [illegible]	[illegible]	[illegible]
29. [illegible]	[illegible]	[illegible]
30. [illegible]	[illegible]	[illegible]
31. [illegible] — *Il n'y a pas eu lieu à un cubage*		
32. Son	[illegible]	[illegible]
33. [illegible]	[illegible]	
34. Balles obtenues en poids		
35. Poids du grain par hectare	[illegible]	
36. Poids de l'hectolitre du grain	*46k 7*	[illegible]

Résumé de la récolte à l'hectare :

	CHAMP DE DÉMONSTRATION	CHAMP TÉMOIN
38. Produits : Paille (en poids)	[illegible] *115 80*	[illegible]
Balles (en poids)		
Grain (en poids)	[illegible] *335 64*	[illegible]
Valeur totale	[illegible]	[illegible]
39. Dépenses :		
Frais d'achat [illegible]		
Engrais [illegible]	[illegible]	
Frais divers	[illegible]	
Total de la Dépense	[illegible]	[illegible]
40. Différence entre le produit de la Récolte et la Dépense	[illegible]	

CONCLUSION

Résultats économiques de la Culture :

41. Produit net du Champ de Démonstration	[illegible]
42. Produit du Champ Témoin	[illegible]
Excédent en faveur du Champ	[illegible]

OBSERVATIONS GÉNÉRALES :

REMARQUE : [illegible]

www.ingramcontent.com/pod-product-compliance
Lightning Source LLC
LaVergne TN
LVHW050501160826
845677LV00003B/871

* 9 7 8 2 3 2 9 6 6 6 1 8 1 *